AF403683

UNE VISITE

AUX

BAINS DE SAXON

(VALAIS-SUISSE)

PAR LE

Dᴿ CONSTANTIN JAMES

Auteur du *Guide pratique aux Eaux minérales*.

PARIS

IMPRIMERIE LEFEBVRE

Passage du Caire. 87-89

1878

UNE VISITE

AUX

BAINS DE SAXON

(VALAIS-SUISSE)

PAR LE

DR CONSTANTIN JAMES

Auteur du *Guide pratique aux Eaux minérales.*

PARIS

IMPRIMERIE LEFEBVRE

Passage du Caire, 87-89

—

1878

UNE VISITE AUX BAINS DE SAXON

(VALAIS-SUISSE)

ABORDS ET ASPECT DE SAXON

Des divers cantons dont se compose la Suisse, le Valais est certainement un de ceux qui renferment le plus de beautés naturelles. Ainsi, par exemple, lorsque, laissant derrière soi l'extrémité du lac de Genève, on remonte la vallée du Rhône, on ne tarde pas à apercevoir, un peu avant Martigny, les *Gorges du Trient*, et, un peu au delà, la *Grotte de Saillon*. Or, quelque blasé que soit un touriste, je le mets au défi de rester impassible et froid en face du spectacle grandiose qu'offre l'intérieur de ces deux gigantesques excavations.

Et cependant il y a quelque chose qui m'a impressionné plus vivement encore, lors de mon récent voyage dans ces contrées : c'est la transformation que la main de l'homme a fait subir au sol lui-même. Ainsi, là où s'élèvent aujourd'hui les nombreuses et élégantes constructions de Saxon, qu'entourent d'opulents vignobles, je n'avais vu, naguères, qu'une simple maisonnette, comme perdue au milieu des marécages. Il est vrai que cette maisonnette renfermait une source minérale, laquelle devait, une fois de plus, justifier cet axiome des anciens : « Les eaux fondent les villes. » *Urbes aquæ condunt.*

Et, en effet, à dater du moment où l'endiguement du Rhône eut mis la source à l'abri des inondations du fleuve, et assaini l'atmosphère, en transformant les alluvions en champs cultivés, les malades accoururent en foule à Saxon. De là l'obligation, — obligation fructueuse — pour les indigènes, de contruire des maisons, des hôtels, des villas. Ainsi s'explique comment Saxon représente aujourd'hui une cité véritable.

ABOLITION DES JEUX — NOUVEAUX THERMES.

Il me faut dire maintenant quels motifs m'ont conduit de nouveau à Saxon; mais avant, vidons un incident qui a bien aussi son importance; cet incident le voici :

La direction de ces bains avait, depuis

quelques années, cherché dans l'exploitation des jeux de hasard un genre de succès qui devait forcément en éloigner la clientèle sérieuse et imposer aux médecins la plus grande réserve. MAIS AUJOURD'HUI, LES JEUX SONT FERMÉS POUR NE PLUS SE ROUVRIR. Il n'est donc pas douteux que Saxon, dégagé de cet alliage, ne redevienne promptement ce qu'en réalité il n'a jamais cessé d'être, comme valeur intrinsèque, une station de premier ordre.

C'est en prévision de ce résultat et de l'afflux des malades qui en sera la conséquence, qu'on m'avait prié de me rendre sur les lieux mêmes pour donner mon avis sur la reconstruction des bains, des douches et des piscines, la réorganisation des étuves, une installation meilleure des salles d'inhalation, de pulvérisation et d'hydrothérapie, pour présider, en un mot, à l'édification de nouveaux thermes, d'après les perfectionnements les plus modernes de l'hydrologie.

C'est que l'aménagement de la source de Saxon, pour être complet — et il l'est actuellement — n'exige rien moins que tout cela. Songez donc qu'il s'agit ici d'une eau tout à fait à part, puisqu'elle est minéralisée à haute dose par l'iode et le brome, ces agents médicamenteux si puissants, et que, de plus, l'iode s'y trouve dans des proportions supérieures à celles qu'on rencontre dans les eaux les plus riches de la même classe !

Arrêtons-nous par conséquent un instant sur cette source dont j'ai parlé déjà, mais avec moins de développements, dans les dernières éditions de mon *Guide* (1).

SOURCE DE SAXON ; SA RICHESSE EN IODE ET EN BROME.

L'eau de Saxon est transparente et limpide comme de l'eau de roche. Sa saveur, assez fade d'abord, laisse un arrière-goût légèrement empyreumatique, apprécié surtout par les enfants. Son odeur est en général nulle, sauf à l'approche des orages ; elle m'a paru alors un peu safranée. Quant à sa température, elle oscille entre 24 et 25° C.; là source mérite donc l'épithète de « thermale ».

J'ai dit que l'*eau de Saxon est minéralisée à haute dose par l'iode et le brome*. Laissons parler les chiffres.

---

(1) *Guide aux Eaux minérales, aux Bains de mer et aux Stations hivernales*, suivi de *l'Exposé d'une nouvelle Méthode de traitement de l'Acné et de la Couperose*. 10ᵉ édition.

D'après les analyses de mon savant et regrettable ami, Ossian Henry, chef des travaux chimiques de l'Académie de médecine, cette eau renferme, par litre, 0^{gr}9480 de principes fixes dont :

$$\text{Iodures} \begin{cases} \text{de calcium} \\ \text{de magnésium} \end{cases} 0^{gr}110$$

$$\text{Bromures} \begin{cases} \text{de calcium} \\ \text{de magnésium} \end{cases} 0^{gr}041$$

Ce qui représente 0^{gr}0937 d'iode pur et 0^{gr}0324 de brome pur.

J'ai ajouté que *l'eau de Saxon est une des eaux les plus riches de la même classe.* Or l'iode est ici, plus encore que le brome, le véritable agent thérapeutique.

Qu'on ne s'étonne pas de la quantité énorme d'iode que contient l'eau de Saxon. Le sol d'où elle s'échappe en est imprégné ; c'est au point que, dans la roche dite « dolomie, » on le distingue à l'œil nu, en même temps que son odeur le trahit.

Il résulte de cette disposition géologique que toutes les sources de la localité qui servent, soit pour la boisson, soit pour les usages culinaires, renferment un peu plus ou un peu moins d'iode. Ainsi s'explique comment je n'ai pas vu un seul goîtreux parmi la population de la nouvelle cité thermale. Qui ne sait, en effet, que l'iode est le grand préservatif du goître, et au besoin qu'il en constitue l'agent curatif ?

C'est à l'absence de ce métalloïde dans la plupart des cours d'eau qui alimentent le Valais qu'on attribue la fréquence extrême (1) de cette disgracieuse affection parmi les indigènes.

ACTION MÉDICINALE DE L'EAU DE SAXON

Parlons maintenant de l'action médicinale de l'eau de Saxon, dont la composition fait déjà pressentir les effets.

C'est l'eau par excellence quand il s'agit de tempéraments lymphatiques et d'engorgements strumeux. Bien qu'elle convienne pour

---

(1) J'ai entendu, à ce propos, raconter l'anecdote suivante qui, si elle n'est pas vraie, a du moins le mérite, comme disent les Italiens, d'être *bene trovata.*

Un enfant du pays rencontra un touriste étranger qui, pour se mettre plus à l'aise, avait ôté sa cravate, montrant ainsi son cou à nu. Vivement impressionné de ce qu'il ne lui voyait pas de goître, l'enfant retourna en toute hâte vers sa mère, et, du plus loin qu'il l'aperçut : « Maman, lui cria-t-il, en riant aux éclats, « que c'est drôle ! Un monsieur qui a le cou comme une oie ! — « Mon enfant, lui répliqua celle-ci d'un ton sévère, c'est très-mal « de rire ainsi. On ne doit jamais se moquer de quelqu'un qui n'a « pas tous ses membres. »

tout âge, son absence de saveur, ou même sa saveur presque agréable, en fait une eau spéciale pour l'enfance.

C'est qu'en effet, si « cet âge est sans pitié » pour les autres, il l'est surtout pour lui-même. Essayez-donc de faire prendre à un enfant, par la seule voie de la persuasion, un médicament quelconque ! Lors même que ce médicament n'aura aucun goût désagréable, il suffira qu'il se doute que c'en est un, pour qu'il le repousse avec énergie, violence même. Au contraire, si son absence de saveur permet de le lui administrer aux repas, comme on le fait pour l'eau de Saxon, mêlé avec du vin, dès l'instant où rien ne lui en décèle la nature,

Heureux dans son erreur, l'enfant boit la santé.

Saxon offre, de plus, une atmosphère d'une pureté parfaite et d'une température sans variation sensible, grâce à la brise légère qui s'élève tous les jours, de dix à onze heures, dans la vallée, et qui en renouvelle l'air en le rafraîchissant. Où trouver ailleurs de meilleures conditions d'hygiène ?

L'eau de Saxon est un remède énergique, on peut même dire souverain, contre les accidents tertiaires de la syphilis. Ne sait-on que

l'iode est, pour les accidents de cette période,
un spécifique aussi puissant que le mercure
pour les accidents secondaires?

Mais c'est surtout contre les maladies de la
peau que la source de Saxon opère quelquefois de
vrais miracles. Sous ce rapport, elle est souvent
l'équivalent de celle de Loëche, si même par-
fois elle ne lui est supérieure. Cette efficacité
de l'eau de Saxon me rappelle le fait que voici :

A mon dernier voyage à Saxon, on me mon-
tra, comme objet de curiosité, dans le grand
salon de l'établissement, un homme d'une qua-
rantaine d'années qu'on appelait le « lépreux »
encore bien que rien extérieurement n'annon-
çât en lui de maladie de ce genre. Je sus alors
que ce nom lui était venu de ce qu'en arrivant
à Saxon, il avait la figure, les mains et le reste
du corps tout couverts d'une sorte de lèpre.
Bien entendu, on lui défendit l'entrée du
Casino, tant qu'il ne serait pas guéri ; il com-
mença donc de suite son traitement. Les eaux
agirent sur lui avec tant de succès, qu'au bout
de peu de temps il ne restait pas de traces
de l'éruption. L'interdit fut alors levé, et il
fut jugé *dignus intrare* dans le sanctuaire de
la roulette. Seulement, quand je l'aperçus, il
jouait un jeu d'enfer ! D'où je serais tenté de

conclure qu'il est plus facile encore de guérir certaines maladies de peau que cette autre maladie qu'on appelle la « passion du jeu. »

Il est vrai que, pour rendre la guérison radicale, l'autorité, ainsi que nous l'ayons déjà dit, a eu recours à un moyen plus radical encore : LA SUPPRESSION MÊME DES JEUX.

Les eaux de Saxon ne contiennent pas seulement de l'iode et du brome; on y a découvert également de la lithine. Ainsi s'explique comment M. le D\ Boyer, qui a fait de ces eaux une étude si complète, dit en avoir obtenu d'excellents effets dans le traitement de la goutte.

Enfin, l'eau de Saxon représente une des formes les plus assimilables de l'alimentation iodée, et, par suite, ainsi que j'en ai déjà eu maintes fois la preuve, c'est peut-être l'eau la plus apte à combattre l'obésité. Il suffit, pour s'en rendre compte, de comparer son mode d'action à celui des autres sources réputées posséder la même vertu; telles sont, par exemple, celles de Marienbad.

Pour ces eaux, en effet, c'est moins l'eau qui agit que l'artifice de son emploi. Ainsi on a recours aux purgations de tous les jours, aux exercices violents, aux sudations forcées, toutes pratiques qui fatiguent les malades et souvent les épuisent; c'est une variante de la méthode dite d'*entraînement*.

A Saxon, au contraire, on se contente de boire l'eau de la source pendant la journée et aux repas, et de la prendre en bain et en douches, de manière à la faire pénétrer dans l'organisme par toutes les voies d'absorption, pour obtenir l'amaigrissement. C'est que cette eau opère sur la trame même des tissus par son action fondante et diurétique.

EAU DE SAXON TRANSPORTÉE — PASTILLES.

L'eau de Saxon supporte parfaitement le TRANSPORT, sans éprouver d'altération appréciable, soit dans sa composition chimique, soit dans son action médicinale. Elle doit en partie cette immunité aux soins extrêmes apportés à sa mise en bouteille.

Prise aux repas, pure, ou mieux associée au vin, elle rend, dans certains cas, presque autant de services, que quand on la boit à la source même.

J'en obtiens également d'excellents effets comme eau pulvérisée dans le traitement de l'*acné* et de la *couperose*, par la nouvelle méthode que j'ai fait connaître dans mon *Guide*.

N'oublions pas non plus de parler des PASTILLES que prépare la maison Robbi de Genève, avec les sels extraits de l'eau minérale. C'est chose difficile et délicate que de transformer un médicament en un bonbon, réunissant ainsi l'utile à l'agréable; *Utile dulci.* C'est que, nous l'avons dit plus haut, il s'agit de guérir l'enfance malgré elle ! A ce point de vue, le succès nous paraît avoir été complet. Aussi n'hésitons-nous pas à prédire aux Pastilles de Saxon la popularité et la vogue dont jouissent actuellement les Pastilles de Vichy.

GRAND HOTEL DES BAINS — CASINO — TÉLÉGRAPHE.

Les hôtels destinés aux étrangers sont nombreux ; ils m'ont paru bien tenus, et, chose devenue assez rare en Suisse, à des conditions très-raisonnables. Le plus important de ces hôtels est, sans contredit, le *Grand Hôtel des Bains.* Il offre le précieux avantage que, communiquant de plain-pied avec l'établissement thermal, il permet aux malades de se rendre de leur lit à leur baignoire sans s'exposer à l'air du dehors.

Et le *Casino?* Qu'il me suffise de dire que ce sont les anciens et splendides salons de la

Roulette qu'on a transformés en Salons de Lecture, de Conversation, de Bals, de Concerts et de Jeux... innocents. Il y a, de plus, un théâtre.

Ajoutons, enfin, pour ne rien omettre d'essentiel, qu'il existe, à l'intérieur même de l'établissement, un bureau télégraphique.

RENSEIGNEMENTS

Médecin inspecteur : Dr JULES BOYER.

Saison thermale du 1er mai au 15 octobre.

Itinéraire de Paris à Saxon. — Saxon est situé à 15 heures de Paris, sur la ligne du chemin de fer de la Suisse occidentale et du Simplon. Deux voies y conduisent, l'une par Pontarlier, l'autre par Genève ; Saxon est à trois heures de cette dernière ville.

Dépôt central des Eaux et des Pastilles de Saxon. — A la Compagnie de Vichy, boulevard Montmartre, 22, Paris.

On peut, du reste, se procurer ces produits dans toutes les bonnes Pharmacies.

OUVRAGES DE M. CONSTANTIN JAMES

Guide pratique aux eaux minérales, aux bains de mer et aux stations hivernales

Contenant : La description détaillée des Établissements thermaux, des Plages balnéaires et des Stations hivernales, tant de la France que de l'Étranger. — Des Études sur l'Hydrothérapie ancienne et moderne. — Un Traité thérapeutique complet des diverses maladies pour lesquelles on se rend aux eaux. — Enfin l'Exposé d'une nouvelle méthode de traitement des Éruptions de la face, et en particulier de l'*Acné* et de la *Couperose*.
1 volume cartonné. 10e édition. Prix : 10 francs. Paris, G. MASSON.

Premiers soins à donner avant l'arrivée du médecin.

L'auteur passe en revue dans ce livre TOUT CE QUI PORTE SUBITEMENT ATTEINTE A LA SANTÉ, fait ressortir les caractères propres à chaque lésion, décrit les soins qu'elle réclame, ainsi que les médicaments et leurs doses.
1 volume cartonné. Prix : 6 francs. Paris, G. MASSON.

Toilette d'une Romaine au temps d'Auguste, et Conseils à une Parisienne sur les cosmétiques.

Ce livre comprend, dans sa Première partie, la description de tout ce que faisait une élégante de Rome pour mettre en relief ses agréments naturels, et, au besoin, s'en créer de factices ; dans sa Seconde, l'étude de tout ce qu'une Parisienne fait et imagine dans le même but.
1 volume broché, 3e édition, *sous presse*. Paris, HACHETTE.

Du Darwinisme ou l'Homme-Singe.

C'est une réfutation à la fois scientifique et humoristique des théories de Darwin sur les prétendues transformations de l'homme, passant successivement par l'état de larve, de poisson et de marsupiau, pour aboutir au SINGE, dont il serait la descendance.
1 volume broché. Prix : 3 fr. 50. Paris, PLON.

Paris-Imp. LEFEBVRE, Pass. du Caire, 87 39.

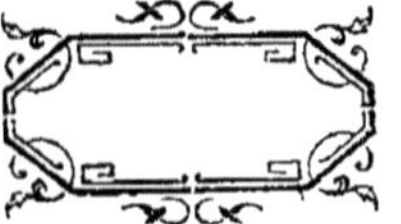